我的第一本科学漫画书

科学实验王

升级版

KEXUE SHIYAN WANG

③⓪ 燃烧与灭火
RANSHAO YU MIEHUO

[韩]故事工厂/著

[韩]弘钟贤/绘

徐月珠/译

21 二十一世纪出版社集团
21st Century Publishing Group

通过实验培养创新思考能力

少年儿童的科学教育是关系到民族兴衰的大事。教育家陶行知早就谈道："科学要从小教起。我们要造就一个科学的民族，必要在民族的嫩芽——儿童——上去加工培植。"但是现在的科学教育因受升学和考试压力的影响，始终无法摆脱以死记硬背为主的架构，我们也因此在培养有创新思考能力的科学人才方面，收效不是很理想。

在这样的现实环境下，强调实验的科学漫画《科学实验王》的出现，对老师、家长和学生而言，是件令人高兴的事。

现在的科学教育强调"做科学"，注重科学实验，而科学教育也必须贴近孩子们的生活，才能培养孩子们对科学的兴趣，发展他们与生俱来的探索未知世界的好奇心。《科学实验王》这套书正是符合了现代科学教育理念的。它不仅以孩子们喜闻乐见的漫画形式向他们传递了一般科学常识，更通过实验比赛和借此成长的主角间有趣的故事情节，让孩子们在快乐中接触平时看似艰深的科学领域，进而享受其中的乐趣，乐于用科学知识解释现象，解决问题。实验用到的器材多来自孩子们的日常生活，便于操作，例如水煮蛋、生鸡蛋、签字笔、绳子等；实验内容也涵盖了日常生活中经常应用的科学常识，为中学相关内容的学习打下基础。

回想我自己的少年儿童时代，跟现在是很不一样的。我到了初中二年级才接触到物理知识，初中三年级才上化学课。真羡慕现在的孩子们，这套"科学漫画书"使他们更早地接触到科学知识，体验到动手实验的乐趣。希望孩子们能在《科学实验王》的轻松阅读中爱上科学实验，培养创新思考能力。

北京四中　物理教研组组长　物理高级教师　**厉璀琳**

伟大发明大都来自科学实验!

　　所谓实验，是为了检验某种科学理论或假设而进行某种操作或进行某种活动，多指在特定条件下，通过某种操作使实验对象产生变化，观察现象，并分析其变化原因。许多科学家利用实验学习各种理论，或是将自己的假设加以证实。因此实验也常常衍生出伟大的发现和发明。

　　人们曾认为炼金术可以利用石头或铁等制作黄金。以发现"万有引力定律"闻名的艾萨克·牛顿（Isaac Newton）不仅是一位物理学家，也是一位炼金术士；而据说出现于"哈利·波特"系列中的尼可·勒梅（Nicholas Flamel），也是以历史上实际存在的炼金术士为原型。虽然炼金术最终还是宣告失败，但在此过程中经过无数挑战和失败所累积的知识，却进而催生了一门新的学问——化学。无论是想要验证、挑战还是推翻科学理论，都必须从实验着手。

　　主角范小宇是个虽然对读书和科学毫无兴趣，但在日常生活中却能不知不觉灵活运用科学理论的顽皮小学生。学校自从开设了实验社之后，便开始经历一连串的意外事件。对科学实验毫无所知的他能否克服重重困难，真正体会到科学实验的真谛，与实验社的其他成员一起，带领黎明小学实验社赢得全国大赛呢？请大家一起来体会动手做实验的乐趣吧！

目录

人物介绍

范小宇

所属单位：韩国代表队　B队

观察内容：

· 为了维护男子汉的自尊心，宁愿被人误会也不愿开口解释。

· 无意间发现一间神秘实验室，为了破解其中隐藏的秘密，勇敢地
独自展开调查。

观察结果：凭借着好奇心和行动力，成为解谜的关键人物之一。

江士元

所属单位：韩国代表队　B队

观察内容：

· 不管处在何种情况都能处变不惊，泰然自若。

· 虽然最先看懂纸条上"L"的含意，却觉得应该以不变应万变。

· 平时个性沉稳温和，实际上却无法忍受自己处在不利的情况下。

观察结果：看似对周遭的一切都不在意，却可以为了朋友而放弃观
摩比赛，拥有出人意料的柔软心肠。

罗心怡

所属单位：韩国代表队　B队

观察内容：

· 拥有丰富的科学理论知识，却懒得为下一场比赛做
准备。

· 心地善良，热心给小宇辅导，加强其科学理论知识。

观察结果：在智商和体力方面，绝对是奥林匹克竞赛
的佼佼者！

何聪明

所属单位：韩国代表队　B队
观察内容：

· 虽然有舞台恐惧症，却抱持着必胜决心拼命地准备出战理论竞赛。
· 认同小宇，一直在旁边替小宇加油。

观察结果：一直以来都支持小宇，因小宇奇怪的表现而难掩失望之情。

江临

所属单位：中国代表队
观察内容：

· 除了努力进行自己的实验练习，还十分关注其他竞争队伍，想方设法探听对方的比赛策略。
· 一猜到纸条的含意就将消息传遍整个竞赛会场。

观察结果：掌握奥林匹克竞赛的所有动态，拥有卓越的观察能力。

江瑞娜

所属单位：德国代表队
观察内容：

· 表面上装作不在乎跟纸条有关的谣言，实际上却深受影响。
· 因比赛当天被贴上纸条而陷入恐慌，但在马克斯的提醒下又平复了心情。

观察结果：在马克斯的帮助下渡过了危机，带领团队顺利完成实验，是队上的气氛制造者。

其他登场人物

神秘实验室的古怪三人组

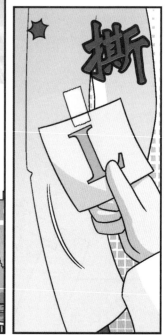

15

他问的是物质可以燃烧的最低温度，

举例来说，火柴上的磷要达到 260℃才会开始燃烧。

260℃

没错，点燃蜡烛时，用火靠近棉芯，就是为了让棉芯的温度增高到燃点以上，所以答案就是"燃点"！

燃烧？260℃？

只要温度够高就行了？

答对了！不过有三个人的答案是闪点（Flash Point）！

燃点和闪点是一个意思吗？

唉！果然还是要我说明！

闪点指的是可燃性液体表面上的蒸气与空气形成的混合物与火接触，初次出现蓝色火焰闪光时的温度。燃点指的则是发生的火焰能开始持续燃着且燃烧时间不少于5秒时的温度。

所以闪点跟燃点是不同的。

所以回答闪点的那三个人答错了！

原来如此！

嚣张什么……

我好像发现了一件有趣的事!

好，第三道题目。

接下来还是跟火有关的问题，

心怡再答对一题的话，就能确定为下一场理论竞赛的出赛人选了。

理论竞赛
人员考核

心怡	聪明	小宇
○	○	

我已经找到感觉了!

答对下一道题目的一定是我!

谁说的?

哼

砰

砰

0分

0分

仔细听好了：蜡烛的火焰分成三层……

我知道！

是强火焰、中火焰和弱火焰！

我题目还没说完，而且应该是外焰、内焰和焰心才对！

充满自信

我要说题目了！这三层火焰中，哪一层火焰的温度最高？

我知道答案！用温度计量量看就知道了！

不行！蜡烛外焰温度超过1000℃，无法用一般的温度计测量。

真的吗？

愣住

插

将木筷横放入烛火的中央位置，然后再移开……

是真的，现在就利用木筷接触燃烧中的烛焰来实验看看吧！

噼啪

噼啪

你们看！

外焰
内焰
焰心

木筷的燃烧程度不一样，靠外焰的部分最黑。

外焰的部分烧得最黑，说明蜡烛火焰越往外温度越高。

哦

那是因为外焰接触到的氧气较多的缘故。

答对了。

心怡三道题目都答对了，现在要在小宇和聪明中选出下一位理论竞赛人选。

理论竞赛
人员考核

心怡	聪明	小宇
○	○	

何聪明，我一定会打败你，获得出赛机会的！

你想得美！

范小宇，你不是我的对手！

呵呵呵

哈哈

答错了!

若真照你所说的,蜡烛燃烧后剩下的部分应该跟一开始的质量相同,但实际上蜡烛却变短了,质量变小。

什么?

冲击

呵

那么,消失的蜡烛跑到哪里去了呢?

脑袋片刻一空

这个嘛……

蜡烛由石蜡和棉芯两部分组成。点燃棉芯后,石蜡固体受热熔化为液体,再蒸发为石蜡蒸气。

气体 气体

固体 液体

所以答案应该是固体、液体和气体。

答对了!聪明只要再答对一题就行了。

扮鬼脸

扮鬼脸

气到发抖

下一题:

蜡烛燃烧时会产生哪两种物质?

24

蜡烛燃烧时，明明就会产生味道，而且也会看到烟啊！

证据1号

法院

你对我的判决有什么不满吗？

冤枉啊！我只是觉得我的答案也没错呀！

威严

害怕

蜡烛燃烧时的确会冒烟，在不完全燃烧时更为明显。

就算如此，你还是答错了！

烟和烧焦味并非是一定会产生的东西，而且里面还包含了许多跟燃烧过程无关的物质。你的答案过于模糊，所以不能算对。

停

烟和烧焦味这个答案哪里模糊了？既简单又明确！

韩国B

已预约

怒吼

这个实验社还真吵啊！

小宇！

轻拍

26

实验 1 用纸杯烧水

要让物质燃烧起来，需要具备三大条件，那就是可燃物、氧气，以及达到燃烧所需的最低温度。现在就让我们利用易燃的纸杯，来进行一个简单的燃烧实验吧！

准备物品：纸杯、蜡烛、锥子、木筷、剪刀、点火器

* 本实验过程中会用到火，所以此实验一定要在老师或家长陪同下进行。

❶ 用剪刀将纸杯底部突出的部分尽量剪短一点。

❷ 在纸杯的两侧钻洞，让木筷可以横穿过纸杯，成为把手。

❸ 在纸杯里装上三分之一杯的水，然后将纸杯底部中央置放在点燃的蜡烛上方。

❹ 此时，就算纸杯内的水变热或沸腾起来，纸杯也不会燃烧起来。

这是什么原理呢？

在上述实验中用烛火加热纸杯时，纸杯里的水沸腾了，纸杯却没有燃烧，其关键在于没有达到纸的燃点。燃点是指可燃物开始燃烧所需要的最低温度。纸的燃点大约是183℃，当纸的温度达到燃点时，纸就会燃烧起来。但是，水只要达到100℃就会开始沸腾，然后变成水蒸气（气体），并不会燃烧。纸杯内的水受热而沸腾，最后变成水蒸气的过程中，会带走一部分热量，导致纸杯的温度无法达到燃点，所以就算水沸腾了，纸杯也不会燃烧起来。

水的温度达到100℃时会开始沸腾，这个温度就称作水的"沸点"。

水没有燃点。

硫磺	260℃
纸	183℃
木材	400~470℃
橡胶	350℃
木炭	320~400℃
煤炭	330~450℃

每种物体的燃点都不一样。

实验2 灭火的方法

燃烧的三大条件之中，只要有一项不满足，物体就无法燃烧，也就是说，只要清除或使可燃物与其他物品隔离，或是让温度降到燃点以下，又或是隔绝氧气（或空气），就可以灭火。现在我们就利用蜡烛来进行灭火原理的实验。

准备物品：蜡烛 、火柴 、锡箔纸 、水 、喷雾器 、抹布

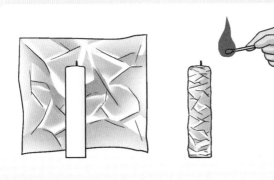

❶ 用锡箔纸将整根蜡烛包裹住，烛芯外露。接着点燃蜡烛，进行观察。

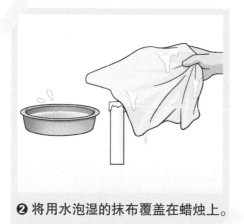

❷ 将用水泡湿的抹布覆盖在蜡烛上。

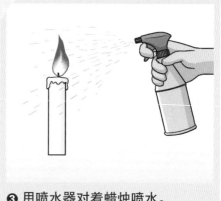

❸ 用喷水器对着蜡烛喷水。

❹ 以上三种方法都可以将烛火灭掉。

这是什么原理呢？

　　只要破坏燃烧的三大条件中的任一项，就可以让火熄灭。第一，我们利用锡箔纸将可燃物——棉芯和石蜡隔离，烛火熄灭了。第二，我们用抹布来隔绝氧气，烛火也熄灭了。第三则是利用喷水来降低烛火的温度，使其降到燃点以下，烛火也会随之熄灭。

灭火的方法

第二部 谣言满天飞

这张纸条是我先发现的，

你只是偶然看到罢了！

呵

才不是这样！

为什么将垃圾贴在身上？

第三张纸条！事情不单纯！

你发现的纸条只不过是垃圾，

但是我发现的却是神秘事件。

事件？

哦哦

所以那小子才会从刚才就一直关注比赛，原来他在寻找线索。

……

江士元！真的是这样吗？你发现什么了吗？

好奇

如果我没猜错的话……

这张纸条预言了比赛的结果。

什么？

竖起耳朵

35

36

看吧！

爆掉了吧！

闹哄哄

闹哄哄

这个实验……

咦？他们怎么又把气球放在火上了？是要进行爆炸实验吗？

忐忑不安

嗖

这次气球不会爆炸，因为气球里面装了水。

迅速摇晃

水？

没错，物质燃烧需要满足三大条件……

想要让橡胶爆炸的话，必须要让温度高于橡胶的燃点，大约350℃。装着空气的气球在温度高于燃点时，马上就爆炸了。

但是装着水的气球，因为气球内的水会带走一部分热量，所以温度无法达到橡胶的燃点。

空气

350℃

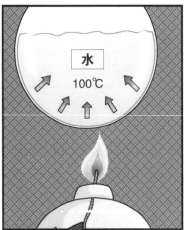

水

100℃

水带走热量？

等一下！

我看过一个让纸杯内的水沸腾起来的实验，水会沸腾，但纸杯不会燃烧起来，这两个实验利用的是同一个原理吗？

没错。

点头

水沸腾的温度是100℃，

纸的燃点则是183℃，

沸腾沸腾

纸杯内的水会带走热量，导致纸杯的温度无法达到燃点，所以就算水沸腾了，纸杯也不会燃烧起来！

就是这个！

议论纷纷

答对了！

居然能一听就懂，还举一反三，真是厉害！

啧啧啧

还不赶快把你的手拿开！

愤愤不平

不过，纸条的线索又在哪里呢？

等看完日本 A 队的实验就能确定了。

日本 A 队的实验？

用水点燃的火！

他们正将水滴在泥土上。

水

滴

滴

41

44

落……落败?

还记得哪支队伍在比赛当天被贴上这张纸条吧?

那就是韩国 A 队和马达加斯加队,

而且两队在当天的比赛中都落败了!

议论纷纷

不会吧!

骚动 骚动

紧张

对噢!

扑哧

天下无敌的江士元,居然做出了最不像话的推理!

喷喷

1.Love
2.第12个字母
3.Lett
4.Lucky

10.Lose

我的推理,

到底哪里不像话了?

俗话说"人有失手,马有失蹄!"

生气

46

如果正如你所猜的一样，那不就表示有人可以在赛前就知道哪一队会输吗？

这种事怎么可能在比赛前就知道？难道是乌鸦嘴？

你说什么？

居然可以事前就知道哪一队会输，总觉得有点恐怖！

被贴上纸条的那些队伍，会不会只是偶然全都输掉比赛呢？

干笑

鸡皮疙瘩！

是不是偶然，

等这场比赛的结果出来就能知道了！

现在公布评分结果。

今天的比赛结果！

首先要公布的是理论竞赛的分数！

紧张

万一被贴上纸条的荷兰队，真的落败的话……

47

荷兰				
理论	10	3.3	6.6	19.9
主题	10	6.7	6.7	7.8
态度	15	14	15	15
实验	16	15	17	16
报告书	15	16	15	15.3
总分	74			

日本 A				
理论	10	6.6	6.6	23.2
主题	8	9	9	8.7
态度	14	16	15	15
实验	15	17	16	16
报告书	14	15	14	14.3
总分	77.2			

51

诅咒的味道还没完全消除！

不到五分钟就将消息传遍整个竞赛会场了！

到底……

什么诅咒……

如果被诅咒了，该怎么办？

不可以！不要碰它！

这个不是诅咒，是有人在恶作剧！

你们两个人也是！

什么！你只想到自己吗？

拜托你不要再说这种毫无根据的话了！

我是为了大家好，才这样提醒你的！

改变世界的科学家——范·海尔蒙特

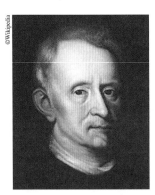

海尔蒙特（1577–1644）
发现了二氧化碳，还发现物质发生化学变化时会生成新的物质。

范·海尔蒙特（Jan Baptista Van Helmont）是比利时的一位医生，也是一位化学家。他在17世纪时发现了二氧化碳的存在，成为第一位区分了化学反应产生的气体和空气的学者，也是第一位将气体称作"gas"的人。除此之外，他还发现物质发生化学变化时，会生成新的物质，并不会消失。当时的学界重视理论，海尔蒙特却特立独行，喜欢通过亲身体验或实验来证明一切。其中最具代表性的实验之一，就是"柳树实验"：他将柳树栽种在桶中，只用雨水来浇灌，五年后柳树长大了，但是土壤的重量却几乎没有变化。通过这个实验，海尔蒙特认为使柳树生长的物质是水，而不是当时人们认为的土壤。这个实验证明了一个重要事实：这个过程中水并没有消失，而是生成了其他物质。

海尔蒙特为了探索自然现象的原理，还进行过各式各样的化学实验。他发现将酸倒在大理石上所产生的气体，以及煤炭或树木燃烧时所产生的气体，还有葡萄酒或啤酒发酵时所产生的气体，三者都是同一种气体，他将这种气体从一般空气中区别出来，体就是我们今天所知道的"二氧化碳"。海尔蒙特将燃烧过程中产生的无形气体赋予了"gas"一名，时至今日我们仍用此词汇来称呼气体。海尔蒙特也是第一位提出"酸碱中和生成水"理论的人，他所进行的实验和研究，为日后化学理论和实践发展奠定了重要基础。

我发现可以通过各种手段制造二氧化碳！

发酵

葡萄酒　啤酒

酸

大理石

食醋
石灰岩

可以说，人类文明始于懂得用火！

燃烧！

尤其是在开始提炼金属之后。

没错，火不仅可以用来煮饭，还能用来制造工具和武器。

烈火

有了火，文明才得以发展。

锵

闪亮 闪亮

说了你可别被吓到！从现在起，我也可以支配火了！

莫非是炼金术？

就是这个味道！用火烤出来的牛肉串！

花了10小时就做出这种东西……

惜！

懂得用火之后，人类的寿命开始变长。

将生食烤熟后再食用，减少了疾病的发生。火还能在寒冬之际提供热源，保护人类不受动物的攻击。

烤熟再吃，就不会肚子痛了。

啊！是火！

走开！

燃烧

除此之外，人类还利用火制造出陶器和琉璃等，冶炼出铜、铁等金属，发展文明。

烈火

燃烧

赢了！

武器太脆了！

锵

而且，试图从各种金属中提炼出黄金的炼金术，也为科学的发展奠定了基础。

第三部

神秘的实验室

我有一个好点子！我们通过猜谜来学习，如何？

好主意！听起来好像很有趣！

啊，为了提高注意力，我们再加上奖惩规则吧！

我答错的话，你就打我额头一下！

打额头？

嗯！如果我答对的话，你就答应我一个心愿！

心愿？

然后，

嗯

真的吗？我今天的运气很好……

就是……

在这边也行吗？

阿哭哭

阿哭哭

是谁在妨碍我？

勃然大怒

你们可以安静一点吗？

吵闹

吵闹

我也要看！

哇啊！

骚动

骚动

发生什么事了？

该不会是在讨论诅咒的纸条吧？

人声鼎沸

交头接耳

啊，是他们！

恭喜你们赢得第一场胜利！

人声鼎沸

真的表现得很棒！

居然可以亲眼观看你们进行户外实验！

是吗？我没有看到那场比赛，正觉得有点好奇……

上午跟未来小学实验社对决的美国代表队。

别提了！之前那场比赛，这群人整场都只替美国队加油，结果现在又在这里遇到他们！

闹哄哄

闹哄哄

哼

那边那个家伙当时就坐在我旁边！那位女同学也是！全都是美国队的支持者嘛！

真是的！

逐渐接近

怎么连心怡也这样……

闹哄哄

呃

偷瞄

他们准备了什么物品……

咦？光用那些东西就能生火？

轰隆

这些工具都可以用来生火！

1号的石头是火石，题目来了！

石头可以当作打火石，和铁块碰撞就能产生火花？

我知道！

唰

铁块

火石

啪

碰撞能产生火花的部分是对的，但不是所有石头都能当打火石。基本上，只有像玻璃的原料——石英一样坚硬的石头，才能碰撞产生火花。

石英

原来石头要够硬才能当打火石啊！这题算我答错了吧？

耸肩

唰

依照约定，来吧！

那我就轻轻地……

嗖

好像被枪打到一样！

你没事吧？还要继续玩吗？

啪嗒

晕

当然要！你打的那一下，让我整个人都清醒过来！

哈哈哈

好，下一个题目是什么？

啪

摇晃

失神

啪

是2号物品？

艳阳高照

没错，2号的放大镜，利用的是将阳光聚集在一个点上，使这个点的温度急剧升高，从而使易燃物燃烧。

2

不同颜色的物体吸收光的能力是不一样的，现在有几种颜色让你选，你觉得哪一种颜色的物体会先着火呢？

| 白色 | 黄色 | 红色 | 蓝色 | 黑色 |

嗯……

当然是在阳光下最耀眼的白……

预备动作

愣住

白色是绝对不可能的！讲到火，当然就是

红色啦！

唰

65

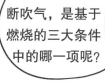

因为吹出来的气很温暖，所以……

嗖

充满自信

砰！

吹气是为了加快空气流通，增加氧气供给量。

失魂落魄

是氧气啊……

到此告一段落吧！

这边太吵了，让我无法集中精神。

哈哈

不愧是美国队！

哦哦！原来是这样啊！实验刚好也结束了，我们也走吧！

真好玩！

闹哄哄

闹哄哄

嗯嗯，我们已经学了很多跟火有关的知识了……

摇摇

晃晃

现在转移到安静的地方，正式开始吧！

什么？

正式开始？

轰隆

一个小时之后

呼

沙沙

沙沙

失魂落魄

已经进行一个小时了，你连一题都没答对。

苦笑

沙沙沙

嗯，对不起。

忐忑不安

就算这样也不要放弃！你一定可以的！

加油加油

拜托你放弃我吧！

加油加油！

接下来，是跟查理定律有关的题目。温度上升时，气体的体积会变大还是变小？

查理定律？

不管怎样，这次至少有一半机会答对！

温度上升的话，

体积会变大？

抖抖抖抖抖

68

小宇！

大吃一惊

啊！

突然

恭喜你！今天第一次答对！

你答对了！

撒花

我……我答对了？

对了，刚才说好答对的话，要给你奖励吧？

心跳加快！

终于……

机会终于来了！

张望

绝对不能放过这个机会！

左右

心怡，其实我……

嗯？

69

从刚才就一直想上厕所，现在可以去了吗？

啊！

逃离这里的机会！

当然可以，快去快回……

那我走了！可能会去很久，你不用等我！

终于得救了！

啪

额头好像快爆掉了！

疼痛 刺痛

嗒 嗒 嗒 嗒

先跑再说！

哦！

小宇！

轰隆

这到底是
怎么一回事?

颤抖

颤抖

连忙起身

先躲起来
再说！

嗄吱

砰……

嗄吱

啪嗒

这……
这里是……?

这些应该够了。

测试
成功了！

窃窃私语

这里
好像有人?

抱……抱歉！

害怕

73

注 [1]：戈德堡装置，美国的鲁布·戈德堡
设计出来的连锁反应机械装置。

76

他站起来了，怎么办？

这里很暗，就当作没有看到他就好！

快躲好！

志忑不安

那个……我看得到你们，也听得到你们在说什么好吗！

这些粉末害我差一点就窒息了。

这里到底是什么地方？

那些是面粉，怎么可能会让人窒息！张开鼻孔呼吸！

这些是面粉？

发火

而且这个地方不是谁都可以进来的！

请马上出去！

喷

喷

咳！

咳！

很抱歉，因为某些原因，我现在没办法马上离开啊！

相逢就是有缘，互相打声招呼吧……

请介绍一下这间实验室吧！

呃！

哈哈哈

78

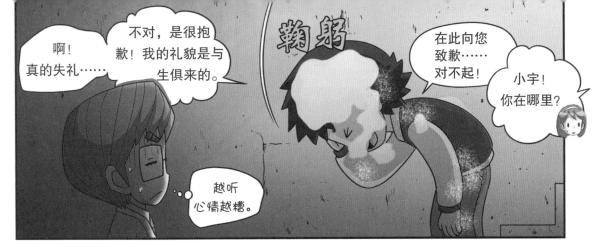

啊！真的失礼……

不对，是很抱歉！我的礼貌是与生俱来的。

鞠躬

在此向您致歉……对不起！

小宇！你在哪里？

越听心情越糟。

小宇！

这又是谁啊？

梧！

梧

嘘，安静一点！

是心怡！

他还有同伴啊？

看样子是在找他？

梧

梧

这小子！

喷

喷

唧嗒

唧嗒

奇怪？我明明听到小宇的声音了啊？

浑身颤抖

......

是在那边吗？

现在正是逃跑的好时机！出去后往左边直冲！只要到宿舍，就算安全了。

偷偷摸摸

嗯？

等一下！我们话还没说完……

啊，差点忘了！

轻声细语

我们今天在此相遇，是秘密哦！

生活中的消防设施

　　消防设施，指能通报、防止或扑救火灾的设备和装置，包括火灾自动报警设施、防火及疏散设施、灭火设施等。任何建筑物都可能发生火灾，所以一定要备有消防设施。为了降低火灾带来的灾害，保护自身安全，现在就一起来了解消防设施的种类和使用方法吧！

住宅的消防设施

室内消防栓和消防水管

　　住宅的厨房里有各式各样的加热器具，客厅或卧室里则有会生热的暖气设备，以及各种电器，这都潜藏着火灾发生的可能性，因此一定要准备好可在火灾初期进行灭火的工具——灭火器。除此之外，公寓建筑物内也需要连接消防水管，以及可直接供水的室内消防栓，这才能在火灾发生的第一时间立即展开灭火工作。近年来，有的大楼在建设之初就会在天花板上装置可以检测烟雾的报警系统和自动喷水灭火系统。

公共场所的消防设施

室外消防栓和紧急出口引导灯

（往这个地方进！）

　　在很多人出入的公共场所则需要安装更加严密且完善的消防设施。设置在建筑物附近或人行道上的室外消防栓，是连接消防水管、供给灭火水源的设备。除此之外，还必须备有感测到火灾发生时会发出警报声并自动喷水或药物的自动灭火装置，以及可以防止火势蔓延的防火卷帘等设施。火灾发生时指引人群移动的紧急出口引导灯，以及停电时可提供所需光源的紧急照明设备，也属于消防设施。

灭火器

　　灭火器可以用来扑灭初起阶段的火灾，原理是利用灭火剂来冷却温度或阻断空气，以此达到灭火的目的。灭火器依照使用的药物或灭火方法，分成泡沫灭火器、干粉灭火器和二氧化碳灭火器等。灭火时，要依照火灾发生原因来选择适当的灭火器，才能有效抑制火势。

A 类火灾——固体物质火灾

B 类火灾——液体或可熔化的固体物质火灾

C 类火灾——气体火灾

D 类火灾——金属火灾

E 类火灾——带电火灾

F 类火灾——烹饪器具内的烹饪物火灾

灭火器，瓶身会标明适用于哪类火灾。

 灭火器的种类

泡沫灭火器

泡沫灭火器内的碳酸氢钠溶液和硫酸铝溶液发生反应时，会产生二氧化碳气体和氢氧化铝泡沫，使可燃物与氧气隔绝，从而来达到灭火目的。

安全盖
压盖
安全阀
喉管
硫酸铝溶液
碳酸氢钠溶液
喷嘴

干粉灭火器

家庭住宅、公寓等建筑物内最常见的灭火器，内部的碳酸氢钠或磷酸铵盐等粉末喷出时会分解，并和可燃物发生反应，使燃烧中断而灭火。

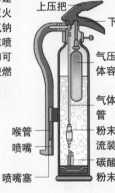

上压把
下压把
气压用气体容器
气体导入管
喉管
喷嘴
粉末防逆流装置
碳酸氢钠粉末
喷嘴塞

哈龙灭火器

内容物以高压方式填充，所以不能置放在49℃以上的高温环境中。由于卤代烷对臭氧层有破坏作用，此类灭火器在中国已停止生产和使用。

转轴
上把手
喷嘴
保险栓
阀门
虹吸管
压力表
卤代烷气体

二氧化碳灭火器

液态二氧化碳一被释放出来，就会变成干冰（固态二氧化碳），可以降低温度、隔绝氧气，从而达到灭火目的。

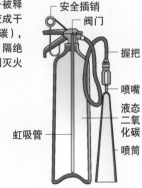

安全插销
阀门
握把
喷嘴
液态二氧化碳
虹吸管
喷筒

第四部

再次出现的纸条

咔嚓

啊！
好累！

脚步沉重

今天真的
好累啊！

虚脱状！

瘫倒

咦？那不是之前
那张纸条吗！你把
它带回来了？

被小宇看到又
要闹得天翻
地覆了。

……

唰

86

对了！你之前不是说过"不管是谁，基于何种理由做出这种事，都跟我无关！"吗？

我哪有……

其实你也想弄清这件事吧？

我只是对此产生了科学方面的好奇心罢了。

什么意思？

你看这张纸条上的英文字母"L"！贴在荷兰队上的纸条文字明明是草绿色，但我手中这张却是黄色。

真的啊！颜色为什么会不一样？该不会是因为小宇掉进过水里吧？

若是因为泡水才褪色的话，颜色应该会变淡才对，

绝对不能让心怡知道我在这里！

快点放手！

为什么啊？等一下！应该是我听错了吧？你居然在躲心怡？

反正就是这样。

疼痛

疼痛

你该不会是放弃心怡了吧？

会被士元听到的！

你早就露馅了好吗？士元也早就知道了！

……

什么！你都知道了？

江士元，你看着我啊！

我又怎么了？

91

你昨天迷路了？

嗯，我在树林中绕了一阵子。

哈哈

那还真是幸运啊！至少在半夜时找到路回来了！

再晚一点回来，就会错过今天德国队的第一场比赛了。

嗯

嗯

点头

还真是辛苦了！范小宇！

嗯……嗯。

哈哈

啪嗒

啪嗒

看起来，大家都很期待德国队与加拿大队的比赛。

这两队中都有很多第一次参加比赛的成员。

瑞娜应该会表现得很好吧？

当然了！

因为她是把全身心都放在实验上的人！

不像某人只从书中学知识，

却没有学到朋友之间的道义！

看什么？！有话就直说啊！

比赛结束后还有一点时间，

到时候，你们两人就跟昨天一样去研读科学理论吧！

哦！好啊！

惊愕

啪嗒 啪嗒

完蛋了！

江士元，你这小子！

啊啊！

怎……怎么了吗？

！

士元……

这种荒谬的纸条居然贴在我身上，真的很可笑吧？因为我们队是一定会赢的。

你说是吧？

紧张

……

拜托你也说这张纸条很荒谬！

这张纸条虽然不是诅咒，但……

唰

轰

却也不完全是荒谬无理的！

莫非……

士元！

我们只要赢了今天这场比赛，证明这张纸条是荒谬的，不就行了吗？

嗯嗯，我们赶快进去吧！说不定，迟到才是真正的诅咒呢！

对啊，别放在心上！

我从一开始就不相信什么诅咒的谣言！

很好！

......

97

我们一起帮你！

什么嘛！
那小子！

咯咯咯

咯

对啊，
一起找吧！

我是因为好奇才跟着一起去的，
绝对不是想帮江士元！

嗯

我们是为了所有人才这样做的！
你明明也很想知道到底是谁，
干吗嘴硬？

不管你怎么说，
我都不会轻易原
谅江士元的！

为了朋友决定揪出黑手，
士元果然是一个温暖
善良的人！

可恶！

拍

拍掉

才不是呢！他只
是单纯善变而已！

快清醒吧！

先进那间实
验室再说吧！

被贴上纸条的队伍，就地理位置来看，平均分布在非洲、亚洲和欧洲。

荷兰

韩国A

马达加斯加

那就表示跟地域没有太大关系，

唯一的共通点只有输掉比赛吗？

思考

唰唰

唰

这些队伍有可能是因为对纸条的不安感才会落败，

事件相关的线索也有可能是隐藏在胜利的队伍身上。

马达加斯加

荷兰

韩国B

加拿大

啊！

所以说，嫌疑人有可能是实验社的人啰？

就目前来看，这个推论的可能性最大，而且……

哼

这推论没头没尾的，一点根据都没有。

奋力向前

跟我们一样的实验社成员，怎么可能事先知道哪一队会输？

你这句话才没头没尾吧？

不爽

如果利用统计数据的话，事先知道并非不可能！

而且大会参赛者可以取得较多信息，反倒可以做出更准确的推论。

美国A

加拿大

韩

国B

唰

此外，你们看这两张纸条！

唰

文字的颜色不同？

你刚从未来小学实验社身上找到纸条时，文字是草绿色的。

撕

仔细回想

但是当你跌入呈现弱酸性的河水后，文字就变成黄色的了，这是因为……

没错！一开始明明就是草绿色的字。

102

这个文字是用通用指示剂写出来的！

轰隆

通用指示剂？

通用指示剂是在中性环境会呈现草绿色，在酸性环境中会变成红色的指示剂。

酸性　　　　　碱性

有人在用指示剂开玩笑？

这么一来，嫌疑人是实验社成员的机率就更高了吧？

事不宜迟！只要找出准备的实验工具中有通用指示剂的实验社就行了吧！

怒火中烧

嫌疑人如果跟你一样单纯就好了，

但是通用指示剂可以用许多种药品制造，

乙醇

酚酞

溴瑞香草蓝

BTB

光凭这个很难找出嫌疑人。

呃啊啊

103

这个……

是秘密信件!

秘密信件? 以后告白的时候就用这个写写看!

请收下!

心怡,我表现得很棒吧?

嗯,很了不起!

嘿嘿

秘密信件,指的是看似一张白纸,但只要利用约定好的方法,就能让字呈现出来的信件。

哇!有那么多种类啊?

有很多种方法,例如利用酸碱性质,或是放进水里,又或是吸收水蒸气。

酚酞 → 危险! 浓氨水

蜡烛 → 水

稀硫酸 → 被我骗了! 加热

呼……

要将纸条加热看看吗?

气

如果是利用水或酸碱性来产生反应的话,在掉入弱碱性河水时,应该会产生变化才对。

没错,但是泡过河水的纸条,反而没有出现这些痕迹。

点头同意

大部分的药品都会对火产生反应，因为燃烧是让物质发生变化最简单的一种方法。

如果这些是用稀硫酸或盐水制造出来的痕迹，在加热时就会和纸张结合而产生水。

哈！产生水的那部份就不会烧掉而留下来吧？

不是的，因为硫酸会吸收纸张的水分，所以纸张的燃烧速度反而会变快。

是吗？

蜡烛燃烧后会产生哪些物质，还记得吗？

呃……那个……

又要猜谜了吗？

这问题我之前不是回答过了吗：水和二氧化碳。

不知道啦！我讨厌猜谜！

了解物质燃烧后的生成物

实验报告

实验主题	借由各物质燃烧的过程，了解物质燃烧时所发生的变化与产生的物质。
准备物品	❶ 酒精 ❷ 石灰水 ❸ 集气瓶 ❹ 钢丝绒 ❺ 氯化钴试纸 ❻ 纸张 ❼ 磁铁 ❽ 打火机 ❾ 镊子 ❿ 燃烧匙 ⓫ 玻璃板 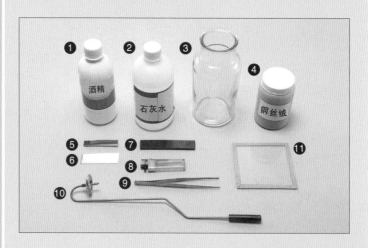
实验预期结果	利用氯化钴试纸和磁铁，了解物体是否在燃烧后生成了新的物质。
注意事项	❶ 小心不要失火，事先熟记灭火器的摆放位置和使用方法。 ❷ 实验过程中一定要戴上实验用手套和护目镜，以免发生烧烫伤。

实验方法

❶ 将酒精倒入燃烧匙内，点火后将燃烧匙放入集气瓶内继续使其燃烧，最后盖上玻璃板。

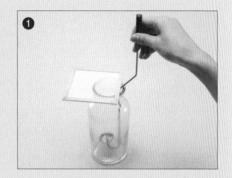

❷ 将蓝色的氯化钴试纸放入，用试纸碰触瓶身内壁，观察其变化。

❸ 重复步骤**❶**，然后将石灰水倒入集气瓶中，摇晃瓶身。

❹ 将纸张放在燃烧匙上，点火使其在集气瓶内燃烧，之后再重复步骤**❷**和**❸**，观察其变化。

❺ 点火使钢丝绒燃烧，然后重复步骤**❷**和**❸**，观察其变化。

❻ 将磁铁靠近钢丝绒，观察磁铁的性质变化。

明明是铁，为什么磁铁靠近时却没有出现相吸或相斥现象呢？

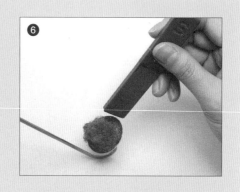
❻

实验结果

酒精在燃烧后分量减少，纸张在燃烧后变成了黑色灰烬。除此之外，物质在集气瓶内燃烧后所产生的物质，会让氯化钴试纸和石灰水发生变化。钢丝绒燃烧后，不会对氯化钴试纸或石灰水造成影响，却在燃烧后丧失了磁性，无法吸住磁铁。

燃烧的物体	蓝色的氯化钴试纸	石灰水	物体本身的变化
酒精	变成红色	变混浊	量减少
纸张	变成红色	变混浊	剩下黑色灰烬
钢丝绒	无变化	无变化	变成另一种性质的铁

这是什么原理呢？

　　蓝色的氯化钴试纸遇到水时会变成红色，澄清的石灰水遇到二氧化碳时会变混浊。通过本实验，可以了解酒精和纸张这类物体在燃烧后会产生水和二氧化碳。物体在燃烧过程中，会与氧气结合而生成新的物质，一般来说，大多是产生水和二氧化碳。不过，纸张在燃烧后除了会产生水和二氧化碳，还会留下黑色灰烬，钢丝绒在燃烧后不会产生水和二氧化碳，而是在燃烧过程中与氧气结合，生成了氧化铁。由此可知，并非所有物体在燃烧时都会产生水和二氧化碳。

博士的实验室 2

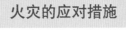

助手！阁楼实验室着火了！

火？！

着……着火了？

发生火灾时，要赶快大声告知周围的人，通报大家火灾发生的消息。

在火灾发生初期，可试着用灭火器来灭火。

着火了！着火了！

这里只有价啊，我而已嘛！

可恶！快熄灭吧！

已经太迟了。

喂！119 吗？

119 消防报警要领
1. 先告知火灾发生的具体位置
2. 告知火灾发生原因和目前的情况
3. 告知自己的姓名、电话，方便联系

我是 G 博士，这里是 G 博士实验室！因为药品爆炸而引起了火灾，我们现在还在实验室内，火势正在蔓延中！

赶快从那道门出去，往屋顶上移动！

不行！不可以用手碰金属制的门把手！

为了避免吸入烟雾，可以用沾水的毛巾捂住自己口鼻，并尽量使身体贴近地面，迅速离开现场。

那边的楼梯很安全，我们爬楼梯下去吧！

博士！我好怕！

博士毕生的研究心血都付之一炬了。

实验室可重新再建，研究也可以重新再开始，

我舍不得偷藏起来的那些零食呀！

博士

但是……

第五部

天火的条件

第一道题目。

除掉可燃物，

加拿大队

隔绝氧气，

让温度降到
燃点之下，

德国队

屏息

116

啊!

唰

愣住

上述三项是什么的条件?

骚动

骚动

刚才说的是哪三项条件?

可燃物、氧气、燃点……

没错,这些是……

修正

输入

燃烧

嘀

大吃一惊

议论纷纷

骚动

啊!等一下!

不对！

除掉可燃物，隔绝氧气，让温度降到燃点之下！这些都是物质燃烧的相反条件！

唰

啪

灭火

轰隆

灭火　燃烧

灭火　灭火　灭

失误了！

……

居然犯下如此愚蠢的失误，这是以前从来没发生过的事！

怎么会……

接着，第二道题目。

轰隆

L

该不会真的被诅咒了……

啊！请等一下。

德国队3号的输入面板好像出了点问题。

德国队3号？

是我！是我的位置！

1
2
3

请稍待片刻。

……

为什么偏偏是我的输入面板出了问题？

士元看着纸条的表情！如果诅咒真的存在……

就表示我们队将会落败？

接着继续刚才的
第二道题目。

面板修理好了，现在
请参赛者回到原位。

啊！
好的！

没错，就算士元
已经帮我拿掉了
那张纸条……

看不到的
纸条却依旧
贴在我身上！

无法阻挡或中断
液体或气体的流动，
就称作"它"。

这张
纸条……

要由我自己
拿掉才行！

"它"的用途相当广泛，
在计算机用语中，将"它"
用来表示切断接续状态，
在军事用语中，"它"
则是表示防御敌军侵略。

中断液体或
气体的流动！

121

诅咒的谣言影响到我的思绪！

阻断

断 阻断

成功！

全员答对！

很好！

看吧！这才是我真正的实力！

第三道题目。

公元 64 年，"它"在 9 天内摧毁了罗马的十个行政区，在 1657 年又摧毁了日本东京大部分市区街道，夺走了十万多条人命。

……

发生在东京的灾害？是地震吗？公元 64 年的话，

也因为"它"，1966 年伦敦 85% 的市区建筑物遭损毁。

是罗马尼罗皇帝在位时期……

历史上的这些大灾难，是因为燃烧而带来了巨大的财产损失和人身伤害。

迅速

没错，就是这个！

呼

看来，

她已经将那张纸条完全抛在脑后了。

现在来整理一下大会给的三大提示，

灭火、阻断和火灾。

火灾，指的是因物质燃烧而导致的灾害，属于负面名词。

所以应该是要我们做出以阻止燃烧，也就是灭火为主题的实验？

没错，所以才会需要阻断！阻断燃烧，就是灭火！

呵

所以我们算是达成共识啦！

欢声雷动！

唰唰

嗖嗖嗖

应该是在这里！

不管是实验室的药品，或是那三个人！

蹑手蹑脚

全部都很可疑！我的第六感是不会出错的！

我要再去一次，找出证据……

嗯？

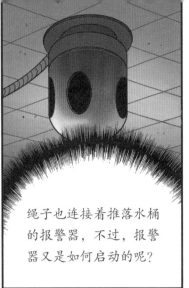

利用大量的灰尘，或是喷雾器？

水蒸气或干冰！

喷！

缕缕白烟

想要看到红外线，就必须要制造出灰蒙蒙的烟雾！

嘿

烟雾啊……

啊！

蜡烛燃烧时的确会冒烟！

没错，燃烧所产生的烟！江士元，你也有派上用场的一天啊！

不爽

白烟

缕缕

杆杆

嘻嘻嘻

够了！

你可以像烟一样消失了！

唰

这算不了什么！我就自己来制造烟雾吧！

哈哈哈哈

到处都是生火的工具！

快速转动

小子记

范求生

20分钟后

成功了！

冒烟

烟

喘

虽然花了20分钟……

喘喘

火马上就会熄灭了，要赶紧……

燃烧

抖抖

抖抖抖抖

135

制作火灾报警器

实验报告

实验主题	双金属片，指的是将受热膨胀程度不同的两种金属结合而成的一块金属片。利用双金属片来制作火灾报警器，了解感温火灾报警器的原理。
准备物品	❶ 塑料容器 ❷ 双金属片 ❸ 长螺丝钉和短螺丝钉 ❹ 螺丝帽 ❺ 端盖 ❻ 蜂鸣器 ❼ 发光二极管 ❽ 连接器 ❾ 干电池 ❿ 蜡烛 ⓫ 打火机 ⓬ 电线 ⓭ 锥子 ⓮ 小刀 ⓯ 干电池盒 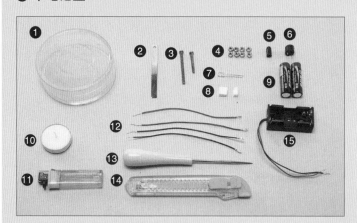
实验预期	利用双金属片在受热时会往一侧弯曲的特性，来启动火灾报警器。
注意事项	❶ 使用蜡烛和打火机时要小心，避免引起火灾或被火烧伤。 ❷ 加热后的双金属片温度很高，请绝对不要用手触碰，以免烫伤。

实验方法

❶ 将双金属片固定在长螺丝钉上，然后在塑料容器的盖子上钻洞，将长螺钉和短螺丝固定于盖子上。

❷ 将电线分别连接蜂鸣器、发光二极管和干电池盒。

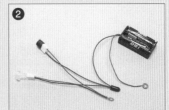

❸ 将电线另一端接在螺丝钉上，然后将蜂鸣器、发光二极管固定在塑料容器的盖子上。

❹ 将电线和干电池收放在塑料容器里面，盖上盖子并固定住。接着把蜡烛放在塑料容器上，点燃蜡烛。

哇！金属弯曲了！

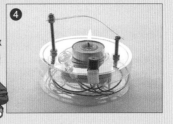

实验结果

双金属片受热后会马上弯曲，接触到短螺丝钉，继而接通电路，发光二极管亮了起来，蜂鸣器也响了起来。

这是什么原理呢？

　　火灾报警器依照感测方式主要可以分成感测烟雾和感测温度两种。本实验中使用的双金属片被广泛运用于火灾报警器中，这是因为不同种类的金属受热时膨胀程度不一样，其中一种金属长度变化多些，另一种金属长度变化小一些，因此双金属片受热时会向长度变化较小的金属一侧弯曲，继而启动报警装置。

简易天火器

当然，

实验也不例外。

加拿大队首先开始进行实验。

燃烧

哇。。。。。。

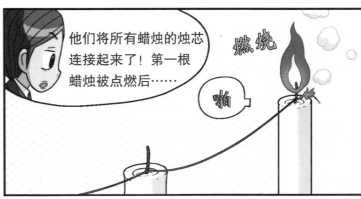

他们将所有蜡烛的烛芯连接起来了！第一根蜡烛被点燃后……

燃烧

啪

火苗沿着烛芯移动，点燃了第二根蜡烛……

啪

啪嗒

啊，他们是在呈现火势蔓延的状况吧？

嗯！

位于第二根蜡烛上方的是火灾报警器吧？它会如何启动呢？

这是用双金属片制成报警器。

双金属片？

受热膨胀快的金属

受热膨胀慢的金属

双金属片

是将受热膨胀程度不同的两种金属片相结合制成的金属片。

随着温度变化，双金属片会从笔直状态变成弯曲状态，也会从弯曲状态变成笔直状态。

常温

高温

沙沙沙沙

就如同眼前所见！

哇哇哇

啪啪啪啪

烛火的温度让金属片朝下方弯曲。

你们看！马上就要碰到启动装置了！

144

咔嗒

报警器响了!

原来火灾报警器是这样启动的啊!真神奇!

嘀嘀嘀

成功了!

不过，火势还在持续蔓延!

交头接耳

嗯，那边……

砰

哐

是防火门!

欢呼声!

147

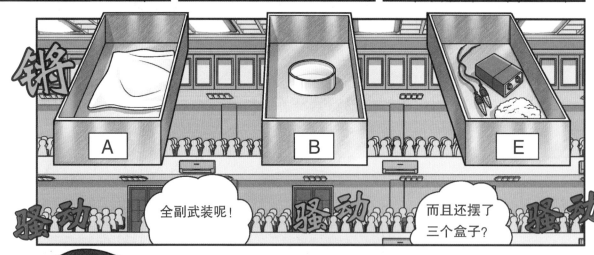

148

我们准备了两根试管，

一根装着碳酸氢钠溶液，另一根装着硫酸铝溶液，

开始燃烧了，请开始灭火！

苏菲，该我们出场了！

唰

旺盛

火势

A

将两根试管倒入

咕噜噜

量杯中……

咕噜噜

哇！你们看！

咕噜噜

瞬间产生泡沫！

冒

冒

冒

他们将泡沫倒在火上！

议论纷纷

呼

咕噜

咕噜噜

A

倒入中…

啪啪

A

啪啪

A

啪

全场

骚动

他们做的是利用泡沫来灭火的灭火器！

用泡沫来灭火？

真的呢！

没错，他们所展现的正是泡沫灭火器的灭火原理。

哦哦

碳酸氢钠溶液

硫酸铝溶液

硫酸铝和碳酸氢钠相遇会发生化学反应，产生二氧化碳气体和氢氧化铝泡沫。

喷射

灭火器

就是利用这些泡沫来隔绝氧气，达到灭火目的。

德国队表现得也不赖嘛！

呵

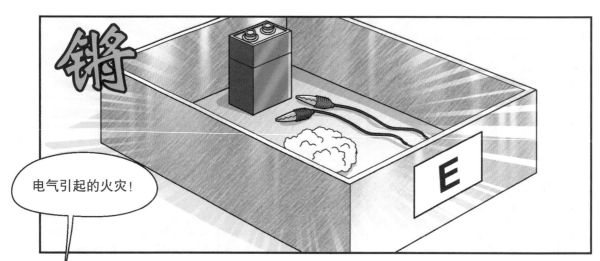

电气引起的火灾！

电气？
电气引起的火灾？

嗯，火灾根据发生原因可分成很多种，刚才演示的是 A 类火灾（固体物质火灾）和 B 类火灾（液体或可熔化的固体物质火灾），现在演示的则是电气火灾，属于 E 类火灾。

A. 固体物质火灾　B. 液体或可熔化的固体物质火灾　E. 带电火灾

是要用干电池吗？

啊，火花！

着火

是要用干电池吗？

不过，他们该不会不知道吧？

根据火灾发生的原因不同，使用的灭火器也会跟着不同！

棉花着火了！

火灾发生的原因也有很多种。

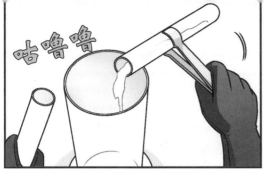

咕噜噜

产生泡沫中……

涌冒状

啪 啪 啪

E

干电池引发的火灾，跟电气火灾有什么不同吗？

好像又打算用同一种方法来灭火？

骚动

咕噜噜

啪 啪

E

啪 啪 啪

快往后退！

火势变大了！

危险！

嗯！

哇 哇 哇 哇

剧烈燃烧

全场骚动……

拿起

唰

喷气

噗噗噗

啪啪

那是刚才制作的简易灭火器！

是利用食醋加上碳酸氢钠所产生的二氧化碳来扑灭火势。

尘埃纷纷

呼呼

二氧化碳灭火器是利用隔绝氧气的原理来灭火，适用于包括电气火灾在内的所有类型火灾。

熄灭

……

鸦雀无声

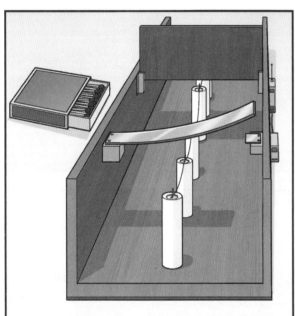

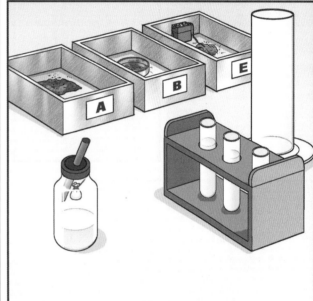

一个是介绍火灾报警器原理来强调火灾初期灭火的重要性，

另一个则是介绍火灾的种类和灭火器的原理，以及展现各类型火灾的灭火方式。

情况……

好像不太妙呢？

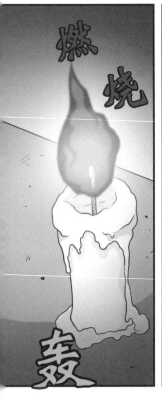

燃烧

轰

轰

冒烟

冒烟

快要烧断了！

轰隆

啪啪啪

燃烧

岌岌可危啊！

现在不是发呆的时候！

没错！这里是实验室，一定有可以用来灭火的东西！

慌张失措

要找出来才行！这里有什么呢？

大型吹风机！

喷水壶！

只要能灭火都行！

四处 翻找 翻找

万一气球破掉的话，就会被他们发现有人曾经偷跑进来了！

石

这是……
大理石块？

大理石

砰砰

第一集的小字

大理石遇到强酸
就会产生二氧化碳，
就用这个来灭火吧！

燃烧

我果然是天才！

二氧化碳是可以
用来灭火的气体！

就用大理石块加强酸
来制造二氧化碳吧！

既然已经找到大理石了，
只要再找到强酸溶液就行了！
硫酸或盐酸是放在哪呢……

会放在底下吗？

石灰水

被灭火器挡
住了……

灭火器？

咦？

159

就在这儿正式开始搜集证据吧！

唰

摩拳擦掌

会放在抽屉里吗？

嗯！

里面只有资料跟灰尘？

咔啦

嗯，秘密应该会藏在箱子里！

跌倒在地

哗哗哗哗

呜！很多灰尘啊！

第12个用具箱！

灰尘漫布

里面还是只有灰尘！

怎么可能！箱子里面竟然都只有实验工具、书籍和灰尘而已！

筋疲力尽

嘿嘿嘿！事有蹊跷！书桌底下居然藏了一个信封……

如果没猜错的话……

找到了！

哎哟！咦？

纷纷掉落

163

165

167

168

燃烧与灭火

我们通常说的燃烧，指的是可燃物在较高温度时与氧气化合，伴随发光和发热的现象。小至酒精灯或家庭用煤气炉上点火，大至火力发电厂、火箭发射等，燃烧现象以各种形态存在于我们生活之中。相反，灭火指的则是用人为方法来让燃烧中的物质不继续燃烧的行为。

煤炭燃烧　　　　　煤气燃烧　　　　　　木材燃烧

燃烧的三大条件

物质燃烧必须具备三大条件，首先是可燃物（如木头、石油、纸张等），二是可以帮助物质燃烧的氧气，三是燃点，即达到燃烧所需的最低温度，三大条件缺一不可。每种物质的燃点都不一样，燃点越低越容易燃烧起来，燃点越高则越不容易燃烧起来。

三大条件只要少了其中一项，就无法燃烧了！

氧气
可燃物
燃点

完全燃烧与不完全燃烧

完全燃烧，指的是可燃物在氧气充足且温度维持在燃点以上情况下的燃烧状态。物质在完全燃烧后，会变成不再与氧气产生反应的物质。不完全燃烧，指的则是可燃物因氧气不足、无法维持燃点以上的温度，导致无法完全燃烧的状态。物质在不完全燃烧的情况下，会产生一氧化碳等有毒气体及其他污染物。

灭火的条件

只要破坏燃烧三大条件之中的一项，就能达到灭火目的。换句话说，只要能够移除可燃物、隔绝氧气或让温度降到燃点以下，就可以灭火。

移除可燃物 如关掉煤气炉来停止供应可燃物——煤气，或是剪掉蜡烛的烛芯等，都是运用移除可燃物来达到灭火目的的方法。

如果山上着火了，首先要把没有燃烧且易燃的物体清除掉。

隔绝氧气 如往酒精灯的火焰上盖上盖子，或是用毯子、沙子覆盖住着火的地方，都是这类灭火法。但在遇到汽油引发的火灾时，如果洒水来灭火，反倒会让火势蔓延。遇到电气引发的火灾时，如果洒水来灭火，则会有触电的危险。因此在遇到液体火灾或带电火灾时，要采用隔绝氧气的方法，才能有效灭火。

燃点以下的温度 如向火源洒水不仅能降低温度，水在遇到火时还会蒸发成水蒸气，同时隔绝氧气，所以也能达到灭火的目的。

 灭火器的使用方式

二氧化碳灭火器是先将二氧化碳变成低温的干冰后再喷射出去，具有降低温度的效果。现在我们就一起来学习最容易见到的消防设备——灭火器的安全使用方法吧！

1 拉开握把上的安全插销。

2 背对着风向，拿着喷筒朝向火源。

3 压下灭火器的把手，开始灭火。

图书在版编目（CIP）数据

燃烧与灭火/韩国故事工厂著；(韩)弘钟贤绘；徐月珠译. —南昌：二十一世纪出版社集团，2020.6(2025.3重印)

（我的第一本科学漫画书；30.科学实验王：升级版）

ISBN 978-7-5568-4361-9

Ⅰ．①燃… Ⅱ．①韩… ②弘… ③徐… Ⅲ．①燃烧－少儿读物②灭火－少儿读物 Ⅳ．①O643.2-49②TU998.1-49

中国版本图书馆CIP数据核字(2019)第188270号

版权合同登记号：14-2016-0225

我的第一本科学漫画书升级版
科学实验王❸❶燃烧与灭火　　[韩] 故事工厂/著　　[韩] 弘钟贤/绘　　徐月珠/译

责任编辑	杨　华
特约编辑	任　凭
排版制作	北京索彼文化传播中心
出版发行	二十一世纪出版社集团（江西省南昌市子安路75号　330025）
	www.21cccc.com（网址）　cc21@163.net（邮箱）
出 版 人	刘凯军
经　　销	全国各地书店
印　　刷	江西千叶彩印有限公司
版　　次	2020年6月第1版
印　　次	2025年3月第9次印刷
印　　数	61001～70000册
开　　本	787mm×1060mm 1/16
印　　张	10.75
书　　号	ISBN 978-7-5568-4361-9
定　　价	35.00元

赣版权登字-04-2020-6
购买本社图书，如有问题请联系我们：扫描封底二维码进入官方服务号。服务电话：010-64462163（工作时间可拨打）；服务邮箱：21sjcbs@21cccc.com。